westermann

Karl-Martin Sedlmeier

Formelsammlung Holztechnik

16. Auflage

Bestellnummer 08187

Zusatzmaterialien zur Formelsammlung Holztechnik

Für Lehrerinnen und Lehrer

BiBox Einzellizenz für Lehrer/-innen (Dauerlizenz)
BiBox Klassenlizenz Premium für Lehrer/-innen und bis zu 35 Schüler/-innen (1 Schuljahr)
BiBox Kollegiumslizenz für Lehrer/-innen (Dauerlizenz)
BiBox Kollegiumslizenz für Lehrer/-innen (1 Schuljahr)

Für Schülerinnen und Schüler

BiBox Einzellizenz für Schüler/-innen (1 Schuljahr)
BiBox Einzellizenz für Schüler/-innen (4 Schuljahre)
BiBox Klassensatz PrintPlus (1 Schuljahr)

Druck und Bindung: Westermann Druck GmbH, Georg-Westermann-Allee 66, 38104 Braunschweig

ISBN 978-3-427-**08187**-6

Inhaltsverzeichnis

Vorwort

Diese Formelsammlung wurde zusammengestellt als Ergänzung bzw. als Hilfsmittel für die fachlichen Berechnungen im Bereich Holztechnik.

Zur Berechnung der Aufgaben sind diese Formeln für Auszubildende im Bereich Holztechnik unerlässlich. Da aber die lernende Person die Vielzahl der Formeln und deren Umkehrungen nicht immer auswendig zur Verfügung hat, bietet ihr diese Sammlung eine nützliche Hilfe.

Die Benutzung von Formeln bei der Abschlussprüfung (Facharbeiterprüfung) wird in der Regel gestattet.

Wer bei der Berechnung der Aufgaben die dazugehörigen Formeln immer wieder nachschlägt, entsprechende Beispiele rechnet, lernt so den sicheren Umgang mit den Formeln und deren richtige Anwendung.

Auch in dieser Auflage finden Sie in der Formelsammlung Diagramme und Tabellen, die für die Lösungsfindung bei Aufgaben behilflich sind.

Der Verfasser

Verwendete Größen, Formelzeichen, Einheiten

Dezimale Vielfache und Teile von Einheiten

für das	Vielfache	Vorsatz	Kurzzeichen
Zehnfache	10	Deka	da
Hundertfache	10^2 (100)	Hekto	h
Tausendfache	10^3 (1 000)	Kilo	k
Millionenfache	10^6 (1 000 000)	Mega	M
Milliardenfache	10^9 (1 000 000 000)	Giga	G

Beispiele: 1 kW = 1 000 W
1 MW = 1 000 000 W

für das	Bruchteile	Vorsatz	Kurzzeichen
Zehntel	10^{-1} (0,1)	Dezi	d
Hundertstel	10^{-2} (0,01)	Zenti	c
Tausendstel	10^{-3} (0,001)	Milli	m
Millionstel	10^{-6} (0,000 001)	Mikro	µ
Milliardstel	10^{-9} (0,000 000 001)	Nano	n

Beispiele: 1 dm = 0,1 m
1 mm = 0,001 m

SI-Basisgrößen und Basiseinheiten

(SI = System International d'Unites)

Basisgröße	Basiseinheit	Kurzzeichen
Länge	Meter	m
Masse	Kilogramm	kg
Zeit	Sekunde	s
Elektrische Stromstärke	Ampere	A
Thermodynamische Temperatur	Kelvin	K
Lichtstärke	Candela	cd
Stoffmenge	Mol	mol

SI-Basisgröße „Länge“

mit den abgeleiteten Größen „Fläche“ und „Volumen“. Basiseinheit ist das Meter (m).

Weitere gesetzliche Einheiten:
Fläche: m^2 (Quadratmeter oder „Meter hoch zwei“)
Volumen: m^3 (Kubikmeter oder „Meter hoch drei“)
l (1 Liter = 1 dm^3)
Keine Änderung gegenüber bisherigen Einheiten.

SI-Basisgröße „Masse“

Basiseinheit ist das Kilogramm (kg).
Keine Änderungen gegenüber bisherigen Einheiten g, kg, t.

SI-Basisgröße „Zeit“

Basiseinheit ist die Sekunde (s).
Weitere gesetzliche Einheiten wie bisher: Minute (min), Stunde (h), Tag (d).
„Jahr“ (a) ist keine gesetzliche Einheit, kann aber nach DIN 1301 als weitere Einheit benutzt werden.
Die Basiseinheit Sekunde soll bevorzugt verwendet werden.

SI-Basisgröße „elektrische Stromstärke“

Basiseinheit ist das Ampere (A).
Keine Änderungen gegenüber bisherigen Einheiten.

SI-Basisgröße „Temperatur“

Basiseinheit ist das Kelvin (K). (Nicht °K „Grad Kelvin“)
Für Temperaturen nach der Celsius-Skala weiterhin zugelassen: °C (Grad Celsius).
Für Temperaturdifferenzen soll die Einheit Kelvin eingesetzt werden.
Um Verwechslungen zu vermeiden, erfolgt die Unterscheidung mithilfe der Formelzeichen:

T für Kelvin
t für Grad Celsius

Kelvin bezieht sich auf den absoluten Nullpunkt 0 K (–273,15 °C ≈ –273 °C).
Celsius bezieht sich auf den Eispunkt = 0 °C (273,15 K ≈ 273 K).

Beispiele:
Temperaturangabe: T = 293 K oder t = 20 °C
Temperaturdifferenz: ΔT = 50 K
Toleranzangabe: (20 ± 0,5) °C oder (293 ± 0,5) K

SI-Basisgröße „Lichtstärke“

Basiseinheit ist die Candela (cd).

SI-Basisgröße „Stoffmenge“

Basiseinheit ist das Mol (mol).

Übersicht der wichtigsten Einheiten

Physikalische Größe	Formel-zeichen	SI-Einheiten u. abgeleitete SI-Einheiten	Einheiten-zeichen	Wichtige Umrechnungen
Länge	l	Meter	m	1 m = 10 dm = 100 cm = 1000 mm 1 km = 1000 m
Fläche	A	Quadratmeter	m^2	$1\ m^2 = 100\ dm^2 = 10^4\ cm^2 = 10^6\ mm^2$ $1\ ha = 100\ a = 10^4\ m^2$
Volumen	V	Kubikmeter	m^3	$1\ m^3 = 10^3\ dm^3 = 10^6\ cm^3 = 10^9\ mm^3$ $1\ l = 1\ dm^3$; $1\ hl = 100\ dm^3$
Zeit	t	Sekunde Minute Stunde Tag Jahr	s min h d a	1 min = 60 s 1 h = 60 min = 3600 s 1 d = 24 h 1 a = 360 d
Schnitt-geschwindigkeit	v_c	$\frac{\text{Meter}}{\text{Sekunde}}$	$\frac{m}{s}$	$1\ \frac{m}{s} = 3{,}6\ \frac{km}{h} = 60\ \frac{m}{min}$
Vorschub-geschwindigkeit	v_f	$\frac{\text{Meter}}{\text{Minute}}$	$\frac{m}{min}$	
Drehfrequenz, Drehzahl	n	$\frac{\text{Umdrehungen}}{\text{Minute}}$	$\frac{1}{min}$	$1\ \frac{1}{min} = 1\ min^{-1} = \frac{1}{60}\frac{1}{s} = \frac{1}{60}\ s^{-1}$
Masse	m	Kilogramm	kg	1 kg = 1000 g, 1 g = 1000 mg 1t = 1000 kg
Dichte	ϱ	$\frac{\text{Kilogramm}}{\text{Kubikdezimeter}}$	$\frac{kg}{dm^3}$	$1\ \frac{kg}{dm^3} = 1000\ \frac{kg}{m^3} = 1000\ \frac{g}{dm^3}$ $1\ \frac{t}{m^3} = 1\ \frac{g}{cm^3}$
Kraft	F	Newton	N	$1\ N = 1\ \frac{kg \cdot m}{s^2} = 1\ \frac{J}{m}$ 1 kN = 100 daN = 1000 N
Drehmoment	M	Newton · Meter	Nm	1 kNm = 100 daNm = 1000 Nm
Druck	p	Pascal Bar	Pa bar	$1\ Pa = 1\ \frac{N}{m^2}$ $1\ bar = 10^5\ Pa = 10\ \frac{N}{cm^2}$
Arbeit, Energie, Wärmemenge	W Q	Joule	J	1 J = 1 Nm = 1 Ws 1 kWh = 3600000 Ws
Leistung	P	Watt	W	$1\ W = 1\ \frac{J}{s} = 1\ \frac{Nm}{s}$

Physikalische Größe	Formel-zeichen	SI-Einheiten u. abgeleitete SI-Einheiten	Einheiten-zeichen	Wichtige Umrechnungen
Temperatur	T ϑ t	Kelvin Grad Celsius	K °C	0 K = –273,15 °C 0 °C = 273,15 K
Elektrische Spannung	U	Volt	V	1 kV = 1000 V 1 V = 1000 mV
Stromstärke	I	Ampere	A	1 kA = 1000 A 1 A = 1000 mA
Widerstand	R	Ohm	Ω	1 kΩ= 1000 Ω 1 Ω = 1000 mΩ

Mathematische Zeichen nach DIN 1302

=	(ist) gleich
≈	angenähert gleich, nahezu gleich, (rund, etwa)
≙	entspricht
<	kleiner als
>	größer als
≤	kleiner oder gleich
≥	größer oder gleich
∥	parallel
∦	nicht parallel
⊥	rechtwinkelig zu, senkrecht auf
∢	Winkel
+	plus
–	minus
• oder ×	mal
/ oder :	durch, geteilt durch, zu
$\sqrt{\ }$	Quadratwurzel aus (Wurzel aus)
%	Prozent, von Hundert
‰	Promille, von Tausend
( ) [ ]	runde und eckige Klammer auf und zu
$\sum$	Summe
$\overline{AB}$	Strecke AB (Streckenlänge)
$\overset{\frown}{AB}$	Bogen AB (Bogenlänge)

Häufig vorkommende Zahlen

$\sqrt{2} \approx 1{,}4142$

$\sqrt{3} \approx 1{,}73$

$\pi \approx 3{,}14$

$\pi/4 \approx 0{,}785$

Runden von Zahlen

Rechenergebnisse werden bei Längen- und Flächenmaßen, bei Geldbeträgen mit 2 Dezimalstellen, bei Raum- und Gewichtsmaßen mit 3 Dezimalstellen angegeben.

Folgt auf die letzte Stelle, die noch angegeben werden soll, eine 9, 8, 7, 6 oder 5, so wird aufgerundet.

Folgt auf die letzte Stelle, die noch angegeben werden soll, eine 4, 3, 2 oder 1, so wird abgerundet.

Griechische Buchstaben für mathematische Begriffe

Buchstabe klein	Buchstabe groß	Aussprache	Buchstabe klein	Buchstabe groß	Aussprache
α	A	Alpha	μ	M	My
β	B	Beta	π	Π	Pi
γ	Γ	Gamma	ϱ	P	Rho
δ	Δ	Delta	σ	Σ	Sigma
ε	E	Epsilon	τ	T	Tau
η	H	Eta	φ	Φ	Phi
λ	Λ	Lambda	ω	Ω	Omega

Prozente, Zinsen

Prozentrechnung

15 € sind 3% von 500 €

15 € → Prozentwert w; 3% → Prozentsatz p; 500 € → Grundwert g

$$w = \frac{g \cdot p}{100\,\%} \qquad p = \frac{w \cdot 100\,\%}{g} \qquad g = \frac{w \cdot 100\,\%}{p}$$

Zinsrechnung

$$z = \frac{k \cdot p \cdot t}{100\,\%}$$

z Zinsen in €
k Kapital in €
p Zinsfuß in %
t Zeit

	z in € =	p in % =	k in € =	t =
Jahre	$\frac{k \cdot p \cdot \text{Jahre}}{100\,\%}$	$\frac{z \cdot 100\,\%}{k \cdot \text{Jahre}}$	$\frac{z \cdot 100\,\%}{p \cdot \text{Jahre}}$	$\frac{z \cdot 100\,\%}{k \cdot p}$
Monate	$\frac{k \cdot p \cdot \text{Monate}}{100\,\% \cdot 12}$	$\frac{z \cdot 100\,\% \cdot 12}{k \cdot \text{Monate}}$	$\frac{z \cdot 100\,\% \cdot 12}{p \cdot \text{Monate}}$	$\frac{z \cdot 100\,\% \cdot 12}{k \cdot p}$
Tage	$\frac{k \cdot p \cdot \text{Tage}}{100\,\% \cdot 360}$	$\frac{z \cdot 100\,\% \cdot 360}{k \cdot \text{Tage}}$	$\frac{z \cdot 100\,\% \cdot 360}{p \cdot \text{Tage}}$	$\frac{z \cdot 100\,\% \cdot 360}{k \cdot p}$

Länge

Maßstab

$$\text{Zeichnungsgröße} = \text{wirkliche Größe} \cdot \text{Maßstab}$$

$$\text{wirkliche Größe} = \frac{\text{Zeichnungsgröße}}{\text{Maßstab}}$$

$$\text{Maßstab} = \frac{\text{Zeichnungsgröße}}{\text{wirkliche Größe}}$$

Steigung - Gefälle

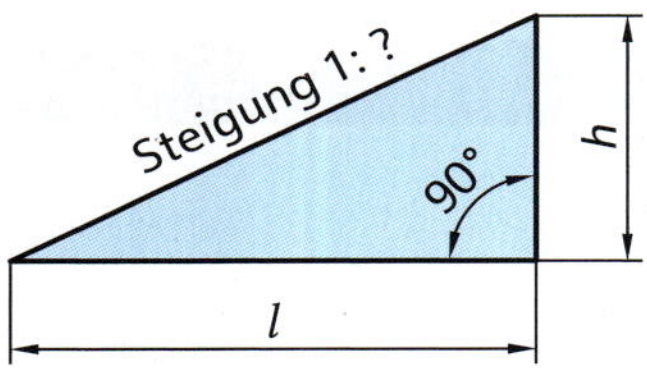

Die Zahl 1 gibt die Höhe h, die zweite Zahl (Verhältniszahl) die Länge l im rechtwinkligen Dreieck an.

als Zahlenverhältnis:

$$\text{Verhältniszahl} = \text{Länge} : \text{Höhe}$$

$$\text{Länge} = \text{Verhältniszahl} \cdot \text{Höhe}$$

$$\text{Höhe} = \text{Länge} : \text{Verhältniszahl}$$

als Prozentsatz:

$$\text{Steigung in \%} = \frac{\text{Höhe} \cdot 100\,\%}{\text{Länge}}$$

$$\text{Länge} = \frac{\text{Höhe} \cdot 100\,\%}{\text{Steigung in \%}}$$

$$\text{Höhe} = \frac{\text{Steigung in \%} \cdot \text{Länge}}{100\,\%}$$

Goldener Schnitt

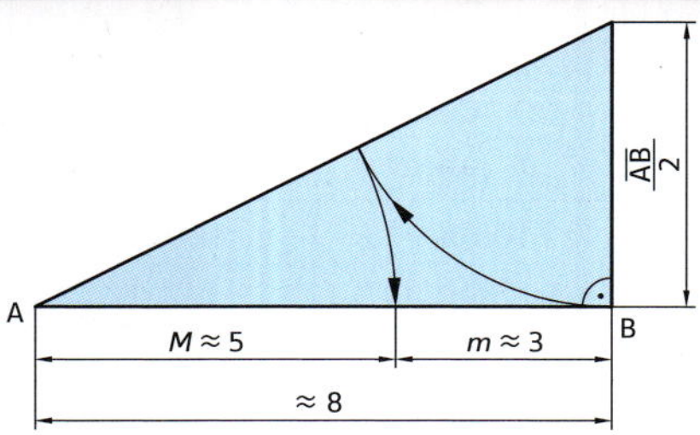

3 : 5 ≈ 5 : 8 ≈ 0.62

$$M \approx 0{,}62 \cdot \overline{AB}$$
$$M \approx 1{,}62 \cdot m$$
$$m \approx \frac{M}{1{,}62}$$
$$m \approx M \cdot 0{,}62$$

M Major
m Minor

Quadrat

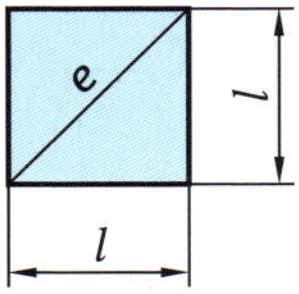

Fläche	$A = l \cdot l = l^2$	$l = \sqrt{A}$
Umfang	$U = 4 \cdot l$	
Diagonale	$e = \sqrt{2} \cdot l$	$\sqrt{2} = 1{,}4142$

Rechteck

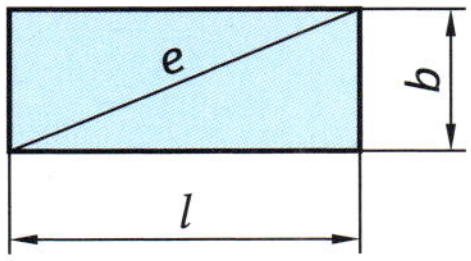

Fläche	$A = l \cdot b$	$l = \frac{A}{b}; \; b = \frac{A}{l}$
Umfang	$U = 2 \cdot (l + b)$	
Diagonale	$e = \sqrt{l^2 + b^2}$	

Raute (Rhombus)

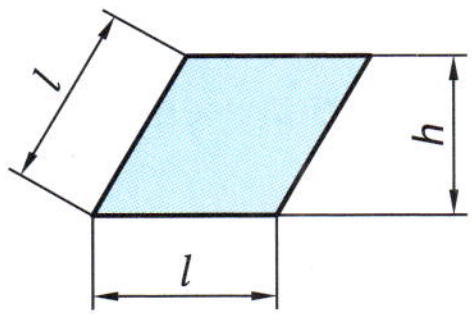

Fläche	$A = l \cdot h$	$l = \frac{A}{h}; \; h = \frac{A}{l}$
Umfang	$U = 4 \cdot l$	

Parallelogramm

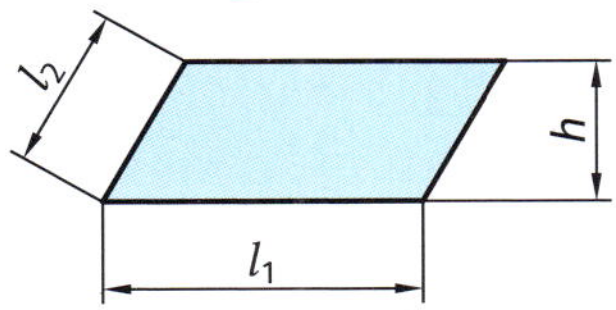

Fläche	$A = l_1 \cdot h$	$l_1 = \frac{A}{h}; \; h = \frac{A}{l_1}$
Umfang	$U = 2 \cdot (l_1 + l_2)$	

Trapez

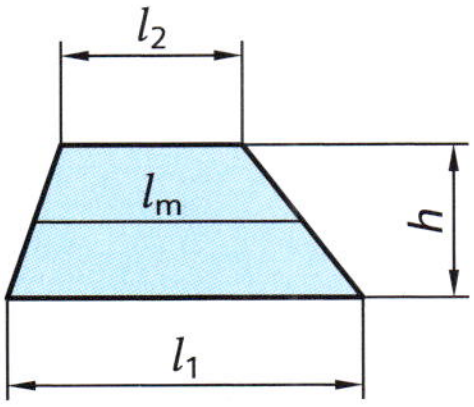

Fläche	$A = l_m \cdot h$
mittlere Länge	$l_m = \frac{l_1 + l_2}{2}$

Dreieck

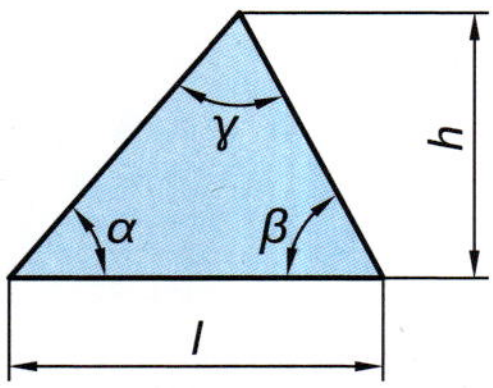

Fläche $A = \frac{l \cdot h}{2}$ $l = \frac{2 \cdot A}{h}$; $h = \frac{2 \cdot A}{l}$

Winkelsumme $\alpha + \beta + \gamma = 180°$

Lehrsatz des Pythagoras

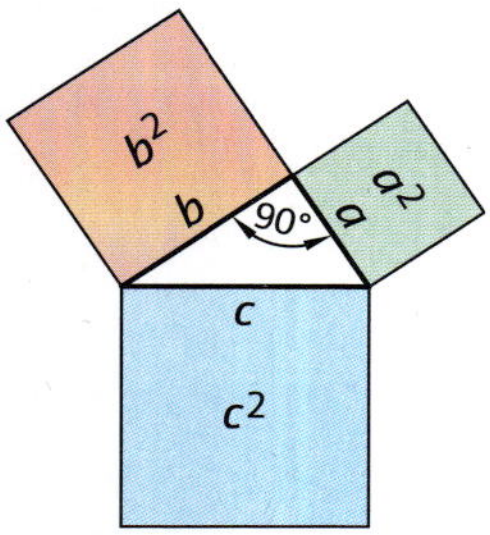

$c^2 = a^2 + b^2$ $a^2 = c^2 - b^2$; $b^2 = c^2 - a^2$

$c = \sqrt{a^2 + b^2}$

$a = \sqrt{c^2 - b^2}$

$b = \sqrt{c^2 - a^2}$

Winkelfunktionen

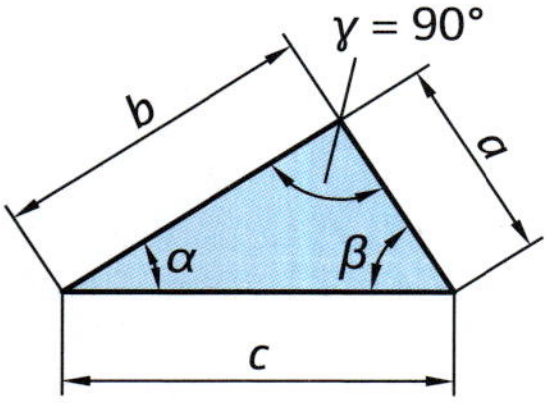

Hypotenuse *c* (längste Seite) dem rechten ∢ gegenüber

Ankathete *b*, am gesuchten oder gegebenen ∢ anliegend

Gegenkathete *a*, dem gesuchten oder gegebenen ∢ gegenüber

$\text{Sinus} = \frac{\text{Gegenkathete}}{\text{Hypotenuse}}$ $\sin\alpha = \frac{a}{c}$ $\sin\beta = \frac{b}{c}$

$\text{Cosinus} = \frac{\text{Ankathete}}{\text{Hypotenuse}}$ $\cos\alpha = \frac{b}{c}$ $\cos\beta = \frac{a}{c}$

$\text{Tangens} = \frac{\text{Gegenkathete}}{\text{Ankathete}}$ $\tan\alpha = \frac{a}{b}$ $\tan\beta = \frac{b}{a}$

Sechseck

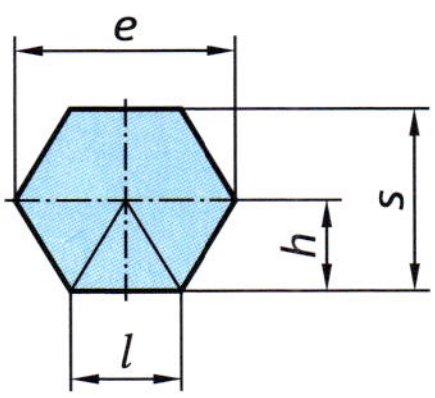

Fläche $A = 6 \cdot \frac{l \cdot h}{2}$

Eckmaß $e = 1{,}155 \cdot s$

Umfang $U = 6 \cdot l$

Schlüsselweite $s = 0{,}866 \cdot e$

Vollkreis

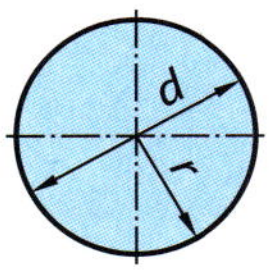

Fläche $A = r^2 \cdot \pi$

$A = d^2 \cdot \frac{\pi}{4}$

$A = d^2 \cdot 0{,}785$

Umfang $U = d \cdot \pi$

Kreisring

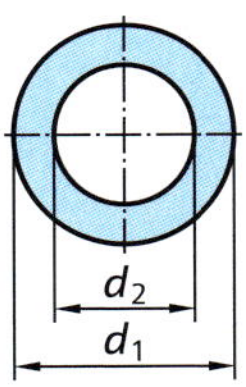

Fläche $A = \frac{\pi}{4}\left(d_1^2 - d_2^2\right)$

$A = 0{,}785\left(d_1^2 - d_2^2\right)$

Kreissegment

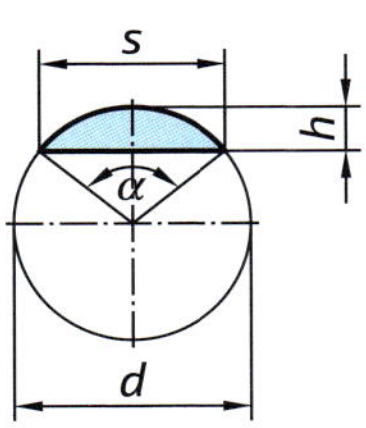

Fläche $A \approx \frac{2}{3} \cdot s \cdot h$

h = Stichhöhe
s = Sehne

Sehne $s = d \cdot \sin\frac{\alpha}{2}$ $s = 2 \cdot \sqrt{d \cdot h - h^2}$

Kreissektor

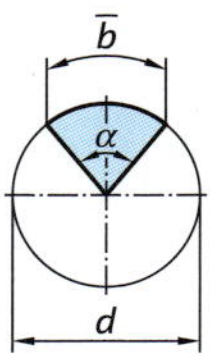

Fläche
$$A = \frac{d^2 \cdot \pi \cdot \alpha}{4 \cdot 360^\circ}$$

Bogenmaß
$$b = \frac{d \cdot \pi \cdot \alpha}{360^\circ}$$

Ellipse

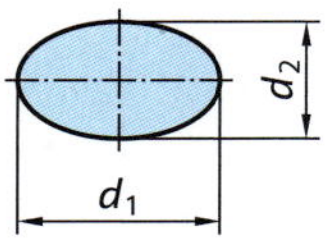

Fläche
$$A = \frac{\pi}{4} \cdot d_1 \cdot d_2$$

Umfang
$$U \approx \frac{\pi}{2}(d_1 + d_2)$$

Spitzbogen

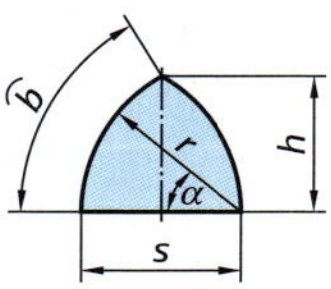

Fläche
$$A \approx \frac{2}{3} \cdot s \cdot h$$

Bogenmaß
$$b = \frac{r \cdot \pi \cdot \alpha}{180^\circ}$$

Radius
$$r = \frac{h^2}{s} + \frac{s}{4}$$

Korbbogen

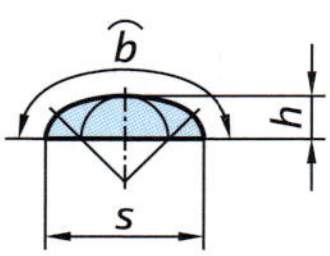

Fläche
$$A = \frac{s}{2} \cdot h \cdot \frac{\pi}{2}$$

Bogenmaß
$$b \approx \left(\frac{s}{h} + h\right) \cdot \frac{\pi}{2}$$

Bretter, unbesäumt

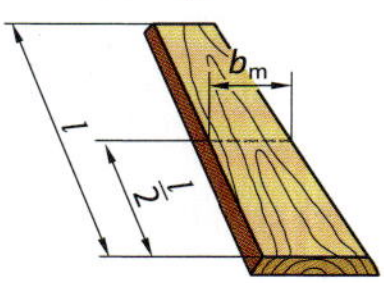

Fläche
$$A = b_m \cdot l$$

mittlere Breite
b_m gemessen auf linker Brettseite

Bohlen, unbesäumt

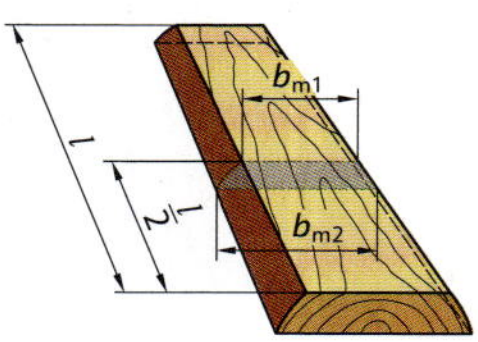

Fläche
$$A = b_m \cdot l$$

$$b_m = \frac{b_{m1} + b_{m2}}{2}$$

mittlere Breite
b_{m1} gemessen auf linker Bohlenseite

b_{m2} gemessen auf rechter Bohlenseite

Körper

Würfel

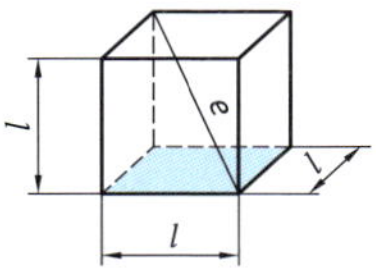

Volumen	$V = l^3$
Oberfläche	$O = 6 \cdot l^2$
Diagonale	$e = l \cdot \sqrt{3}$

Prisma, Quader (Bretter u. Bohlen parallel besäumt, Kanthölzer, Balken)

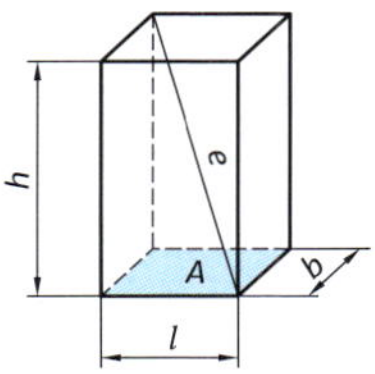

Volumen	$V = A \cdot h = l \cdot b \cdot h$
Oberfläche	$O = 2\,(l \cdot h + b \cdot h + l \cdot b)$
Diagonale	$e = \sqrt{l^2 + b^2 + h^2}$

Zylinder

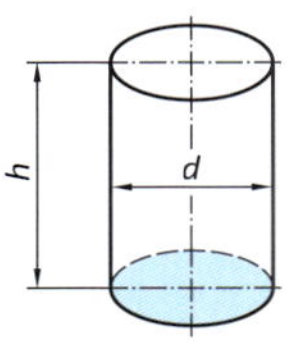

Volumen	$V = \dfrac{d^2 \cdot \pi}{4} \cdot h$
Mantelfläche	$A_M = d \cdot \pi \cdot h$

Hohlzylinder

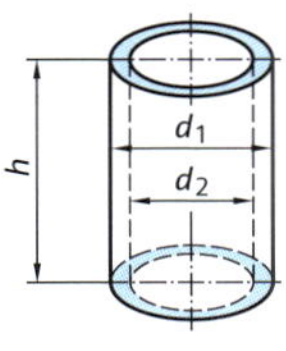

Volumen	$V = \dfrac{\pi}{4}\left(d_1^2 - d_2^2\right) \cdot h$

Pyramide

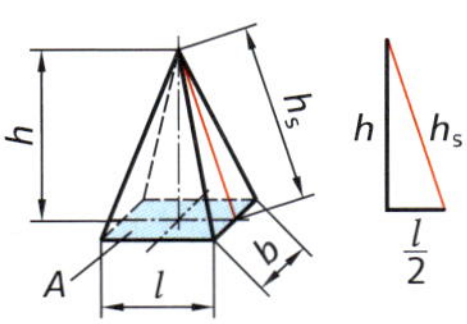

Volumen	$V = \dfrac{A \cdot h}{3} = \dfrac{l \cdot b \cdot h}{3}$
Seitenhöhe	$h_s = \sqrt{h^2 + \left(\dfrac{l}{2}\right)^2}$

Pyramidenstumpf

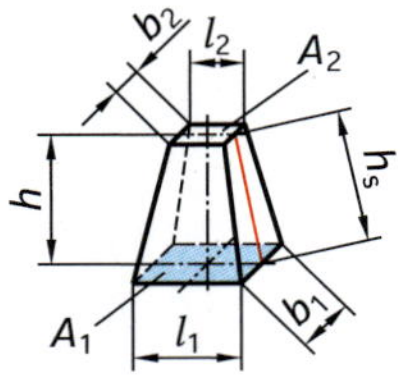

Volumen

$$V = \frac{h}{3}\left(A_1 + A_2 + \sqrt{A_1 \cdot A_2}\right)$$

$$V \approx \frac{A_1 + A_2}{2} \cdot h$$

Seitenhöhe

$$h_s = \sqrt{h^2 + \left(\frac{l_1 - l_2}{2}\right)^2}$$

Kegel

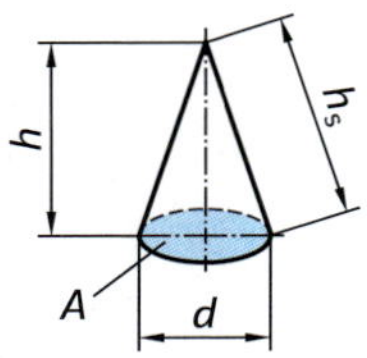

Volumen

$$V = \frac{A \cdot h}{3} = \frac{d^2 \cdot \pi}{4} \cdot \frac{h}{3}$$

Seitenhöhe

$$h_s = \sqrt{h^2 + \left(\frac{d}{2}\right)^2}$$

Mantelfläche

$$A_M = \frac{d \cdot \pi \cdot h_s}{2}$$

Kegelstumpf

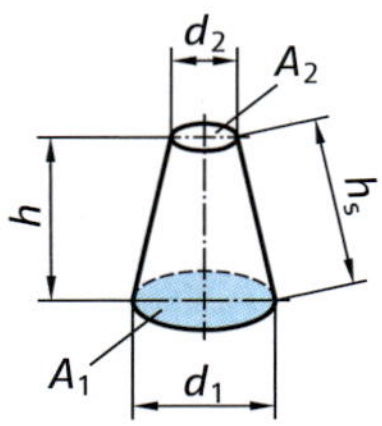

Volumen

$$V = \frac{\pi \cdot h}{12}\left(d_1^2 + d_1 \cdot d_2 + d_2^2\right)$$

$$V \approx \frac{A_1 + A_2}{2} \cdot h$$

Seitenhöhe

$$h_s = \sqrt{h^2 + \left(\frac{d_1 - d_2}{2}\right)^2}$$

Höhe

$$h = \sqrt{h_s^2 - \left(\frac{d_1 - d_2}{2}\right)^2}$$

Mantelfläche

$$A_M = \frac{d_1 + d_2}{2} \cdot \pi \cdot h_s$$

Kugel

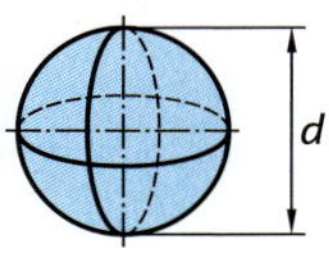

Volumen

$$V = d^3 \cdot \frac{\pi}{6}$$

Oberfläche

$$A_O = d^2 \cdot \pi$$

Waldmaß (Stammberechnung)

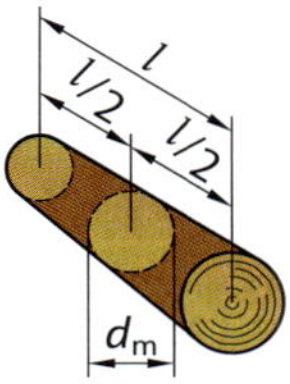

Volumen $V = d_m^2 \cdot \frac{\pi}{4} \cdot l$

d_m mittlerer Durchmesser (ohne Rinde)

Blockmaß (Menge des eingeschnittenen Sägeblockes)

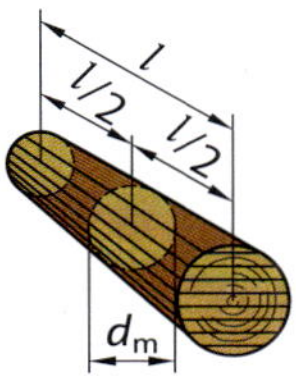

Volumen $V = d_m^2 \cdot \frac{\pi}{4} \cdot l$

d_m mittlerer Durchmesser (ohne Rinde)

Würfelmaß (bei konisch besäumten Brettern und Bohlen)

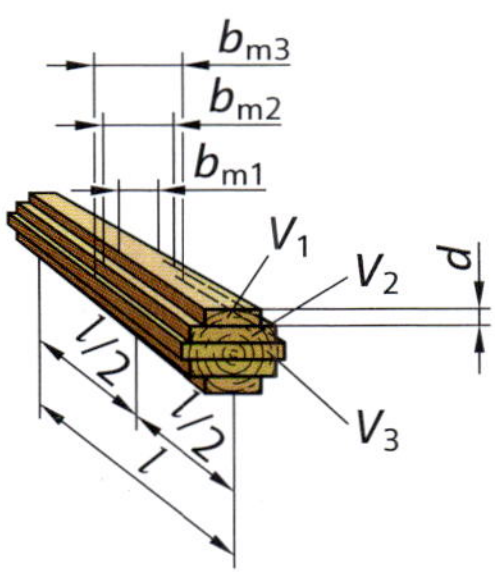

Volumen $V = V_1 + V_2 + V_3 + \ldots$

$V = (b_{m1} + b_{m2} + b_{m3} + \ldots) \cdot d \cdot l$

Bretter, unbesäumt

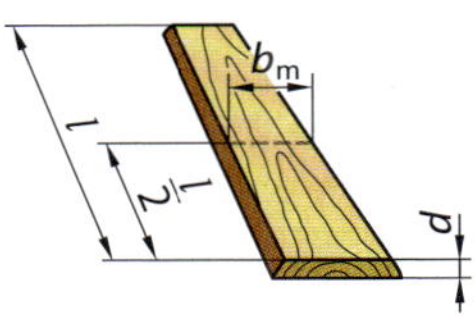

Volumen $V = b_m \cdot d \cdot l$

b_m gemessen auf linker Brettseite

Bohlen, unbesäumt

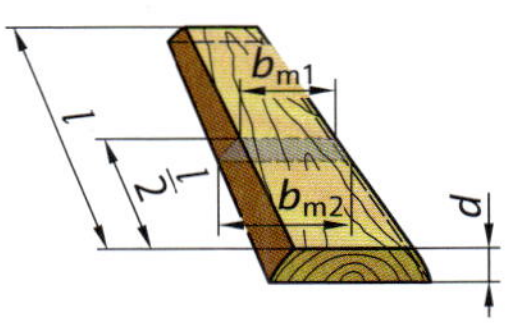

Volumen $V = b_m \cdot d \cdot l$

mittlere Breite $b_m = \frac{b_{m1} + b_{m2}}{2}$

b_{m1} gemessen auf linker Bohlenseite

b_{m2} gemessen auf rechter Bohlenseite

Holzmenge

Roh-, Fertig- und Verschnittmenge in m^2 oder m^3

Rohmenge = Fertigmenge + Verschnittmenge

Fertigmenge = Rohmenge - Verschnittmenge

Verschnittmenge = Rohmenge - Fertigmenge

Verschnitt

$$\text{Verschnittzuschlag in \%} = \frac{\text{Verschnittmenge}}{\text{Fertigmenge}} \cdot 100\,\%$$

$$\text{Verschnittmenge} = \frac{\text{Verschnittzuschlag in \%} \cdot \text{Fertigmenge}}{100\,\%}$$

$$\text{Rohmenge} = \text{Fertigmenge} \cdot \text{Zuschlagfaktor}$$

Verschnittzuschläge als Richtwerte (Angaben in Prozent)

Holzart	Vollholz	Furnier	Holzart	Vollholz	Furnier
Ahorn	30	40	Kirschbaum	50 – 60	70 – 80
Birnbaum	40	50	Lärche	40 – 50	50
Birke	60	50	Limba	25	40
Buche	30 – 50	25 – 40	Nussbaum	60	80
Eiche	50	60	Rüster, Ulme	50	80
Esche	50	60	Tanne	30	40
Fichte	30	40	Teak	40	60
Kiefer	30 – 40	40 – 50	Zirbelkiefer	80	80

Holzwerkstoffe, Kunststoffe	
Furniersperrholzplatten	20
Holzfaserplatten	20
Holzspanplatten und MDF	15 – 20
Stab- u. Stäbchensperrholzpl.	20
Dekorative Schichtpressstoffpl.	20 – 30

Plattenwerkstoffe	
Lagermaße	15
Fixmaße	3

Holzmengenumrechnung

Umrechnung von m² in m³ und umgekehrt

$$\text{Anzahl der m}^2 = \frac{\text{Anzahl der m}^3 \cdot 1\,000\ \text{mm/m}}{\text{Holzdicke in mm}}$$

$$\text{Anzahl der m}^3 = \frac{\text{Anzahl der m}^2 \cdot \text{Holzdicke in mm}}{1\,000\ \text{mm/m}}$$

Umrechnung von m³ in m

$$\text{Anzahl der m} = \frac{\text{Anzahl der m}^3}{\text{Holzquerschnitt in m}^2}$$

Holzpreisumrechnung

Umrechnung von m²-Preis in m³-Preis und umgekehrt

$$\text{m}^2\text{-Preis} = \frac{\text{m}^3\text{-Preis} \cdot \text{Holzdicke in mm}}{1\,000\ \text{mm/m}}$$

$$\text{m}^3\text{-Preis} = \frac{\text{m}^2\text{-Preis} \cdot 1\,000\ \text{mm/m}}{\text{Holzdicke in mm}}$$

Holztrocknung

Luftfeuchte

$$\text{relative Luftfeuchte in \%} = \frac{\text{absolute Luftfeuchte}}{\text{maximale Luftfeuchte}} \cdot 100\,\%$$

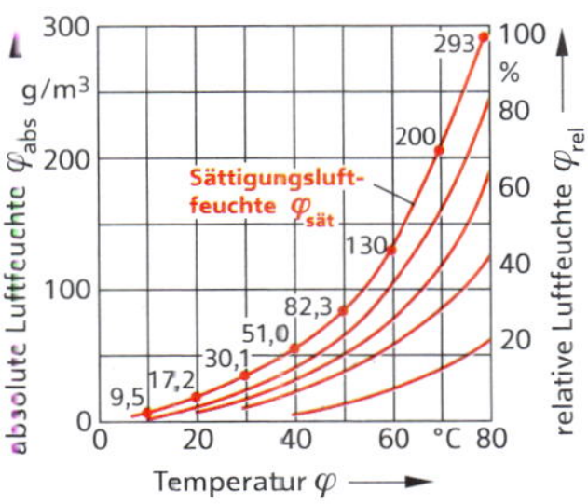

Holzfeuchte

$$\text{Holzfeuchte in }\% = \frac{\text{Holzmasse}_{\text{feucht}} - \text{Holzmasse}_{\text{darrtrocken}}}{\text{Holzmasse}_{\text{darrtrocken}}} \cdot 100\ \%$$

$$u \text{ in } \% = \frac{m_f - m_o}{m_o} \cdot 100\ \%$$

u Holzfeuchte
m_f Holzmasse feucht
m_o Holzmasse darrtrocken

Fasersättigungspunkt:	$u \approx 30\ \%$
lufttrockenes Holz:	$u \approx 12-15\ \%$
techn. getrocknetes Holz:	$u \approx 8\ \%$
darrtrockenes Holz:	$u = 0\ \%$

Holzschwund

Die Tabelle enthält Anhaltswerte (in Prozent) für das **gesamte Schwindmaß** einiger Holzarten **vom grünen Zustand** (praktisch etwa vom Fasersättigungspunkt ≈ 30 % ab) **bis zum Darrzustand**.

Holzart	tangential 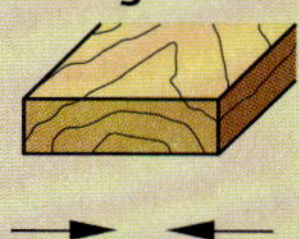 Seitenbrett	radial 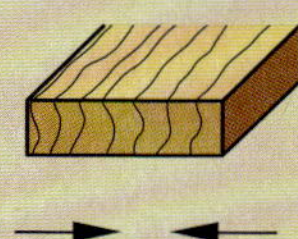 Mittelbrett	longitudinal (längs) 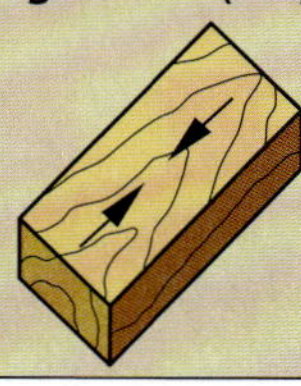
Fichte	7,8 (0,33)	3,6 (0,16)	0,3 (0,01)
Kiefer	7,7 (0,29)	4,0 (0,17)	0,4 (0,01)
Eiche	7,8 (0,35)	4,0 (0,20)	0,4 (0,01)
Buche	11,8 (0,45)	5,8 (0,22)	0,3 (0,013)

Für das rechnerische Abschätzen von Formänderungen in der Praxis kann man näherungsweise davon ausgehen, dass das Schwinden und Quellen (unterhalb des Fasersättigungspunktes) proportional zur Änderung der Holzfeuchte ist. **Gebräuchlich sind deshalb die Schwind- und Quellenmaße, die auf eine Änderung der Holzfeuchte um 1 % bezogen sind** (siehe Werte in Klammern). Zum Beispiel schwindet bzw. quillt Fichte tangential um 0,33 % pro 1 % Änderung der Holzfeuchte.

In der Praxis wird, da der tatsächliche Jahrringverlauf im späteren Holzquerschnitt nicht vorhersehbar ist, mit 0,24 % („quer zur Faserrichtung") als Mittelwert aus tangential (0,33 %) und radial (0,16 %) für europäische Nadelhölzer gerechnet.

Schwundberechnung

$$\text{Schwindmaß in \%} = \frac{\text{Grünmaß} - \text{Trockenmaß}}{\text{Grünmaß}} \cdot 100\ \%$$

Berechnung mit Anfangs- und Endfeuchte

Holzfeuchteunterschied Δu % = Anfangsfeuchte – Endfeuchte

differenzielles Schwindmaß in % pro % aus Tabelle s. unten

Schwindmaß in % = Δu % · differenzielles Schwindmaß % pro %

$$\text{Schwindmaß in mm} = \frac{\text{Breite (Dicke) mm} \cdot \text{Schwindmaß \%}}{100\ \%}$$

Schwindmaße

Holzart	Kurzzeichen	maximales Schwindmaß β_{max} in % fällfrisch bis darrtrocken			differenzielles Schwindmaß in % Schwund je 1 % Holzfeuchteänderung	
		longitudinal (längs)	radial	tangential	radial	tangential
Ahorn, Berg-	ACPS (AH)	0,4	3,0	8,0	0,21	0,30
Birke	BEPU (BI)	0,5	5,3	7,8	0,29	0,41
Birnbaum	PYCM (BB)	0,4	4,6	9,1	0,15	0,33
Buche, Rot-	FASY (BU)	0,3	5,8	11,8	0,20	0,41
Eiche	QCXE (EI)	0,4	4,3	8,9	0,16	0,36
Erle	ALGL (ER)	0,4	4,4	7,3	0,16	0,27
Esche, gemeine	FXEX (ES)	0,26	4,7	7,5	0,21	0,38
Fichte	PCAB (FI)	0,3	3,6	7,8	0,19	0,39
Hemlock	TSHT (HEM)	–	4,3	7,9	–	–
Kiefer	PNSY (KI)	0,4	4,0	7,7	0,19	0,36
Kirschbaum	PRAV (KB)	–	5,0	8,7	–	–
Lärche	LADC (LA)	0,3	3,3	7,8	0,14	0,30
Limba	TMSP (LMB)	–	3,5	6,3	0,17	0,22
Linde	TIXX (LI)	0,3	5,5	9,1	0,20	0,30
Mahagoni, echtes	SWMC (MAE)	–	3,2	4,6	0,15	0,20
Makoré	TGHC (MAC)	0,11	4,7	6,3	0,22	0,27
Nussbaum	JGRG (NB)	0,5	5,4	7,5	0,18	0,28
Okume, Gabun	AUKL (OKU)	–	4,1	6,6	0,16	0,24
Pappel	PONG (PA)	0,35	5,2	8,3	0,13	0,31

In den Klammern stehen die alten Holzbezeichnungen.

Holzart	Kurzzeichen	maximales Schwindmaß β_{max} in % fällfrisch bis darrtrocken			differenzielles Schwindmaß in % Schwund je 1 % Holzfeuchteänderung	
		longitudinal (längs)	radial	tangential	radial	tangential
Ramin	GYBN (RAM)	–	4,0	9,4	0,19	0,39
Rüster, Ulme	ULMI (RU)	0,3	4,6	8,3	0,20	0,43
Mahagoni, Sapelli	ENCY (MAS)	–	5,4	7,0	0,24	0,32
Sipo, Mahagoni	ENUT (MAU)	0,11	5,0	7,9	0,20	0,25
Tanne	ABAL (TA)	0,10	3,8	7,6	0,14	0,28
Teak	TEGR (TEK)	–	2,7	5,0	0,16	0,26
Weymouth-Kiefer	PNST (KIW)	0,2	2,3	6,0	0,10	0,21

In den Klammern stehen die alten Holzbezeichnungen.

Holzfeuchtediagramm

Das Holzfeuchtediagramm zeigt den Zusammenhang zwischen Holzfeuchtegleichgewicht, relativer Luftfeuchte und Lufttemperatur.

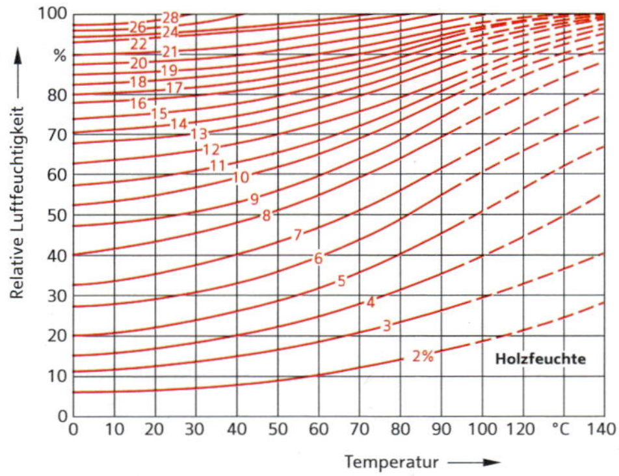

Treppe

Treppenformeln

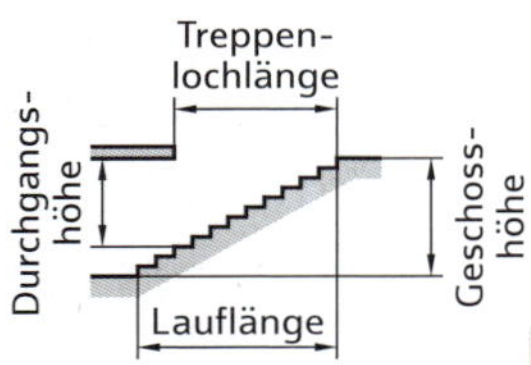

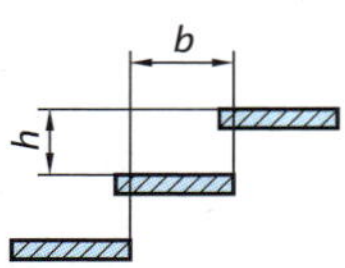

h Steigungshöhe

b Auftrittsbreite

Schrittmaßregel:

$$2h + b = 63\ \text{cm}$$

$$h = \frac{63\ \text{cm} - b}{2}$$

$$\text{Anzahl der Steigungen} = \frac{\text{Geschosshöhe}}{\text{gewünschte Steigungshöhe}}$$

$$\text{Steigungshöhe} = \frac{\text{Geschosshöhe}}{\text{Anzahl der Steigungen}}$$

$$\text{Auftrittsbreite} = \frac{\text{Lauflänge}}{\text{Anzahl der Steigungen} - 1}$$

$$\text{Lauflänge} = (\text{Anzahl der Steigungen} - 1) \cdot \text{Auftrittsbreite}$$

Gewichtskraft

$$F_G = m \cdot g$$

F_G Gewichtskraft in N $\left(N = \frac{kg \cdot m}{s^2}\right)$

m Masse in kg

g Fallbeschleunigung $\approx 10\ \frac{m}{s^2}$

Masse, Dichte

$$m = \varrho \cdot V$$

$$\varrho = \frac{m}{V}$$

$$V = \frac{m}{\varrho}$$

m Masse in kg

ϱ Dichte in $\frac{kg}{dm^3}$ oder $\frac{t}{m^3}$

V Volumen in dm^3 oder m^3

Berechnungsmittelwerte verschiedener Dichten

Holzarten	Rohdichte in kg/m^3 frisch ca. 50 % H_2O	Rohdichte in kg/m^3 lufttrocken ca. 12 % H_2O
Ahorn	950	610
Balsaholz	–	150
Birke	960	650
Birnbaum	–	740
Buche	1 000	690
Eiche	1 040	670
Erle	820	530
Esche	900	690
Fichte	740	470
Kiefer	800	520
Lärche	810	590
Limba	–	580
Linde	740	490
Nussbaum	920	680
Pappel	850	450
Pockholz	–	1 250
Rüster (Ulme)	960	680
Tanne	950	470
Teak	–	690

Holzwerkstoffe	Rohdichte in kg/m^3
Sperrholzplatte EN 636-1G	600
Flachpressplatte P2	700
Baustoffe	**Rohdichte in kg/m^3**
Polyurethan-Hartschaum	30 ... 40
Faserdämmstoffe	8 ... 200
Holzwolleleichtbauplatten	360 ... 570
Gasbeton	600
Gipskartonplatte	900
Gipsputz	1 200
Leichtbeton, porig	1 200
Mauerwerk, Lochziegel	1 200
Mauerwerk, Vollklinker	2 000
Normalbeton	2 400
Stahlleichtbeton	1 400
Zementmörtel	2 100
weitere Werkstoffe	**Rohdichte in kg/m^3**
Acrylglas	1 200
Aluminium	2 700
Kristallspiegelglas	2 700
Stahl	7 850
Kupfer	8 930
Blei	11 300

Drehmoment

$$M = F \cdot l$$

M Drehmoment in Nm

F Kraft in N

l Hebelarm in m

Hebel

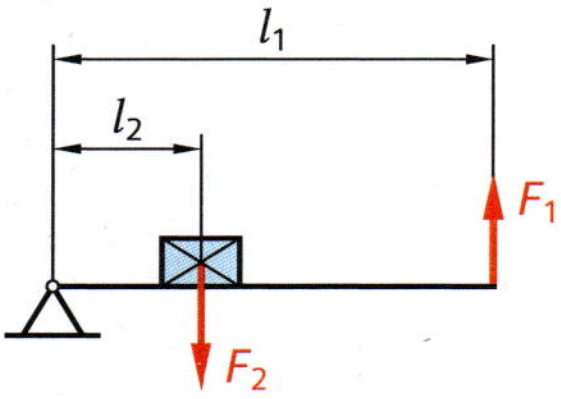

einseitig

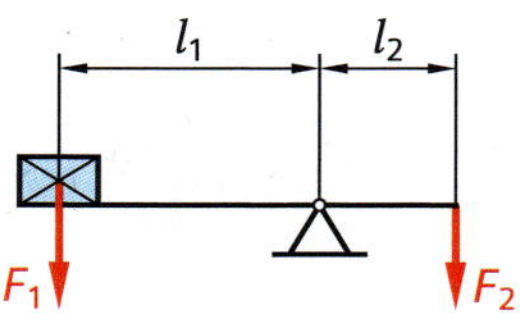

zweiseitig

Drehmoment links = Drehmoment rechts

$$F_1 \cdot l_1 = F_2 \cdot l_2$$

Schiefe Ebene

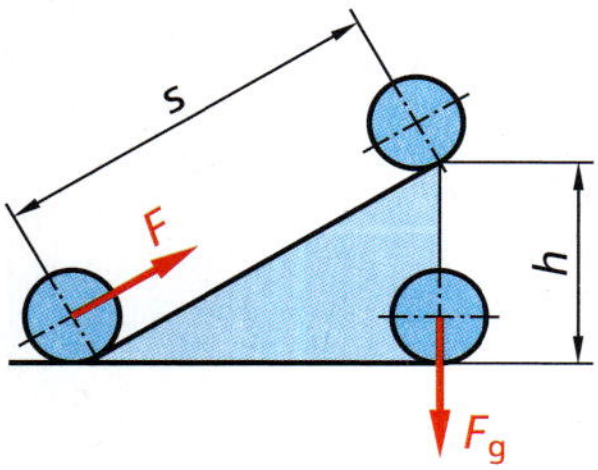

$$F \cdot s = F_G \cdot h$$

F Kraft in N

s Strecke in m

F_G Gewichtskraft in N

h Hubhöhe in m

Arbeit, Energie

$$W = F \cdot s$$

W Arbeit in Nm, J, Ws

F Kraft in N

s Strecke in m

Leistung

$$P = \frac{W}{t}$$

$$P = \frac{F \cdot s}{t}$$

P Leistung in $\frac{\text{Nm}}{\text{s}}$, $\frac{\text{J}}{\text{s}}$, W

W Arbeit in Nm, J, Ws

t Zeit in s

Wirkungsgrad

$$\eta = \frac{P_{ab}}{P_{zu}} < 1$$

$$\eta = \frac{F_{ab}}{F_{zu}} = \frac{W_{ab}}{W_{zu}}$$

P Leistung in $\frac{\text{Nm}}{\text{s}}$, $\frac{\text{J}}{\text{s}}$, W

Riementrieb

treibend getrieben

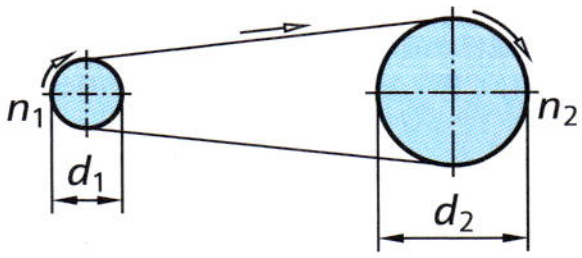

$$d_1 \cdot n_1 = d_2 \cdot n_2$$

n Drehfrequenz in $\frac{1}{\text{min}}$

$$d_1 = \frac{d_2 \cdot n_2}{n_1};\quad n_1 = \frac{d_2 \cdot n_2}{d_1};\quad d_2 = \frac{d_1 \cdot n_1}{n_2};\quad n_2 = \frac{d_1 \cdot n_1}{d_2}$$

Übersetzungsverhältnis $i = \frac{n_1}{n_2}$ oder $i = \frac{d_2}{d_1}$

Mehrfachübersetzung

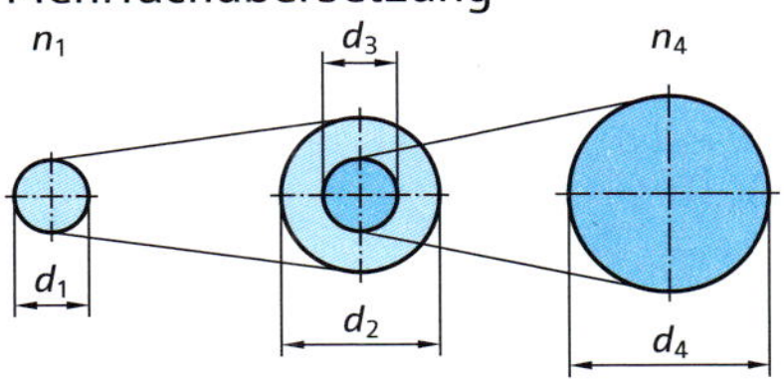

$$n_1 = n_4 \cdot \frac{d_2}{d_1} \cdot \frac{d_4}{d_3}$$

$$n_4 = n_1 \cdot \frac{d_1}{d_2} \cdot \frac{d_3}{d_4}$$

Gesamtübersetzungsverhältnis $i = \frac{n_1}{n_4}$ oder $i = \frac{d_2 \cdot d_4}{d_1 \cdot d_3}$

Das Gesamtübersetzungsverhältnis i ist auch das Produkt aus den Einzelübersetzungsverhältnissen $i = i_1 \cdot i_2$

Rädertrieb

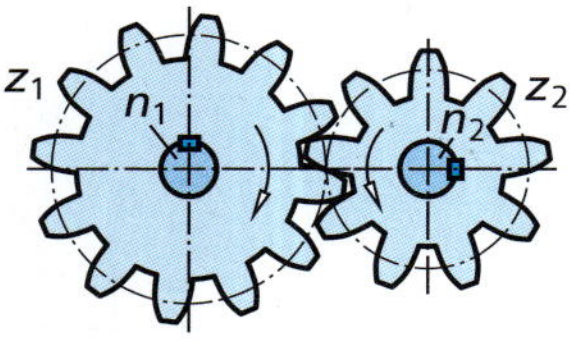

$$z_1 \cdot n_1 = z_2 \cdot n_2$$

z Anzahl der Zähne

n Drehfrequenz in $\frac{1}{\text{min}}$

$$z_1 = \frac{z_2 \cdot n_2}{n_1}; \quad n_1 = \frac{z_2 \cdot n_2}{z_1};$$

$$z_2 = \frac{z_1 \cdot n_1}{n_2}; \quad n_2 = \frac{z_1 \cdot n_1}{z_2}$$

Übersetzungsverhältnis $i = \frac{n_1}{n_2}$ oder $i = \frac{z_2}{z_1}$

Geschwindigkeit

$$v = \frac{s}{t}$$

v Geschwindigkeit in m/s, km/h

s Weg in m, km

t Zeit in s, min, h

$$s = v \cdot t$$

$$t = \frac{s}{v}$$

Vorschubgeschwindigkeit

$$v_f = \frac{s}{t}$$

v_f Vorschubgeschwindigkeit in m/min

s Weg in m

t Zeit in min

$$s = v_f \cdot t$$

$$t = \frac{s}{v_f}$$

Schnittgeschwindigkeit

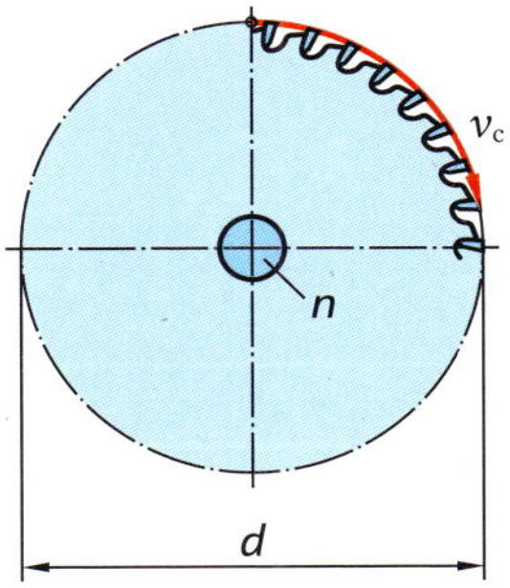

$$v_c = \frac{d \cdot \pi \cdot n}{1000 \cdot 60}$$

$$d = \frac{v_c \cdot 1000 \cdot 60}{\pi \cdot n}$$

$$n = \frac{v_c \cdot 1000 \cdot 60}{d \cdot \pi}$$

v_c Schnittgeschwindigkeit in m/s

d Durchmesser in mm

n Drehfrequenz in 1/min

Umrechnungszahl 1000 mm/m

Umrechnungszahl 60 s/min

Faustformel

$$v_c \approx \frac{r \cdot n}{1000}$$

v_c Schnittgeschwindigkeit in m/s

r Radius in cm

n Drehfrequenz in 1/min

Schnittgeschwindigkeitstabelle

Tabelle zur Ermittlung der Schnittgeschwindigkeit v_c in m/s (grau hinterlegte Ziffern = optimaler Arbeitsbereich).

Drehfrequenz in min^{-1} / Durchmesser in mm	1500	2000	2500	3000	4000	4500	5000	6000	8000	9000	10000	12000	16000	18000
40	3	4	5	6	8	9	10	12	16	18	20	24	32	36
50	4	5	7	8	11	12	14	16	22	24	28	32	44	48
60	5	6	8	10	13	14	16	20	26	28	32	40	48	56
70	5,5	7	9	11	15	16,5	18	22	30	33	36	44	60	66
80	6,5	8,5	10,5	13	17	19	21	26	34	38	42	52	38	76
90	7	9,5	12	14	19	21	24	28	38	43	48	56	76	84
100	8	10,5	13	16	32	24	26	32	42	48	52	64	84	96
120	9,5	13	16	19	26	28	32	38	52	56	64	76	100	113
125	10	13,5	16,5	19,5	27	29	33	39	54	59	66	78	108	118
140	11	15	18	22	30	33	36	44	60	66	72	88	120	132
150	12	16	20	24	31	35	39	47	63	71	79	94	125	141
180	14	19	24	28	38	42,5	48	56	76	86	96	112	152	170
200	16	21	26	32	42	47	58	64	84	94	104	128	168	188
225	18	24	30	36	48	53	60	78	96	106	120	144	192	212
250	20	26	33	40	52	59	66	80	104	118	132	106	208	236
300	24	31,5	40	48	63	71	80	96	126	142	160	192	252	284
350	28	36,5	47	56	73	83	94	112	146	166	188	224	292	332
400	32	42	54	64	84	94	108	128	168	188	216	256	336	376

Schnittgeschwindigkeitsdiagramm

Die Kurven zeigen die Schnittgeschwindigkeit in m/s, ermittelt aus der Drehfrequenz und dem Werkzeugdurchmesser.

Die erforderliche Drehfrequenz kann entnommen werden, wenn der Werkzeugdurchmesser und die Schnittgeschwindigkeit gegeben sind.

Ebenso kann der Werkzeugdurchmesser ermittelt werden, wenn die Drehfrequenz und Schnittgeschwindigkeit bekannt sind.

Für BG-TEST-Werkzeuge ist von der Berufsgenossenschaft Holz und Metall wegen der erhöhten Rückschlaggefahr und Lärmbelästigung ein optimaler Schnittgeschwindigkeitsbereich von $v_c = 40$ bis 70 m/s vorgeschrieben.

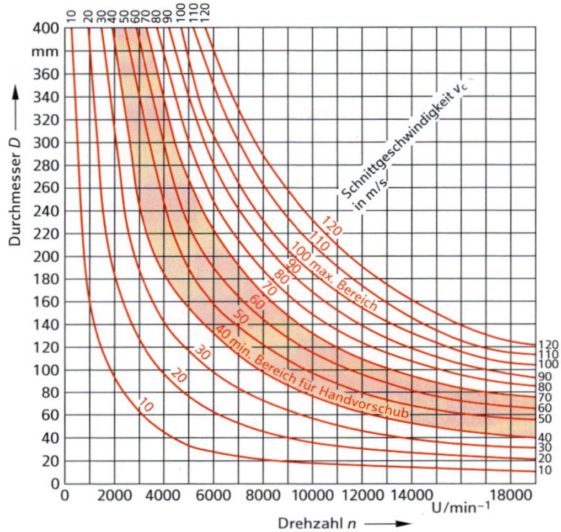

Schneidenvorschub (Zahnvorschub)

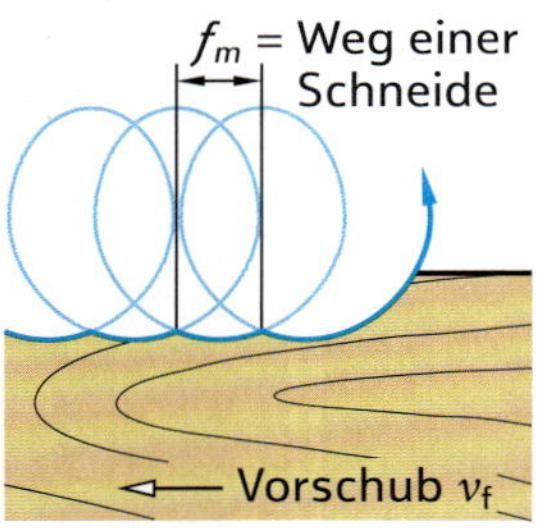

$$f_m = \frac{v_f \cdot 1000}{n \cdot z_W}$$

f_m Schneidenvorschub (Zahnvorschub) in mm

v_f Vorschubgeschwindigkeit in m/min

n Drehfrequenz (Drehzahl) in 1/min

z_W Anzahl der Werkzeugschneiden

1000 mm/m = Umrechnungszahl

Mit dem **Messerschlagbogendiagramm** (hier: $f_m = 0{,}5$ mm) können Vorschubgeschwindigkeit, Drehzahl und Schneidenzahl festgelegt werden.

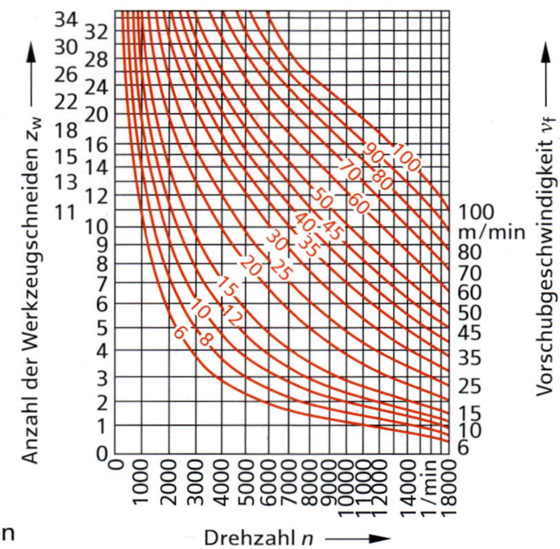

Mithilfe des **Drehzahldiagramms** lassen sich Schnittgeschwindigkeit, Werkzeugdurchmesser (Schneidenflugkreisdurchmesser) und Drehzahl bestimmen.

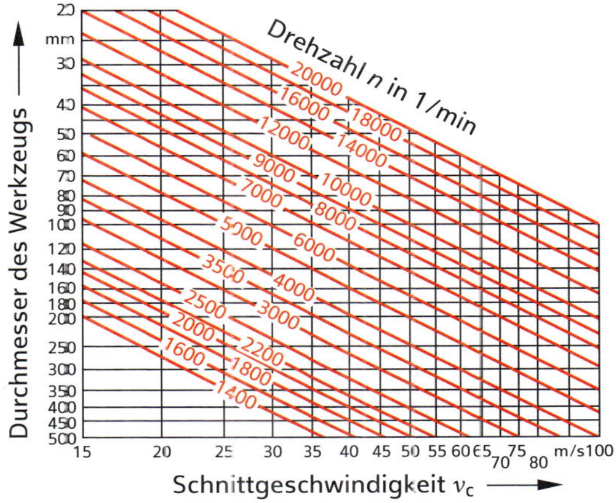

Festigkeit

Zug- und Druckspannung (bei mittiger Belastung)

$$\sigma_{Z,D} = \frac{F}{A}$$

$\sigma_{Z,D}$ Spannung in N/mm² (σ_D Druckfestigkeit; σ_Z Zugfestigkeit)

F Kraft in N

A Querschnittsfläche in mm²

Schubspannung (auch Scherspannung τ_a)

$$\tau = \frac{F}{A}$$

τ Schubspannung in N/mm²

F Kraft in N

A Querschnittsfläche in mm²

Druck

Druck

$$p = \frac{F}{A}$$

p Druck in N/m², bar, Pa

F Kraft in N

A Fläche in mm², cm², m²

Beziehungen zwischen Druck-, Kraft- und Flächeneinheiten

Größe	Druck p	Kraft F	Fläche A	Umrechnung
Einheit	$1\,\frac{N}{m^2}$	1 N	1 m²	$1\,Pa = 1\,\frac{N}{m^2}$
	$10\,\frac{N}{cm^2}$	10 N	1 cm²	$1\,bar = 10\,\frac{N}{cm^2}$
	$1\,\frac{N}{cm^2}$	1 N	1 cm²	$0{,}1\,bar = 1\,\frac{N}{cm^2}$

Hydraulische Übersetzung

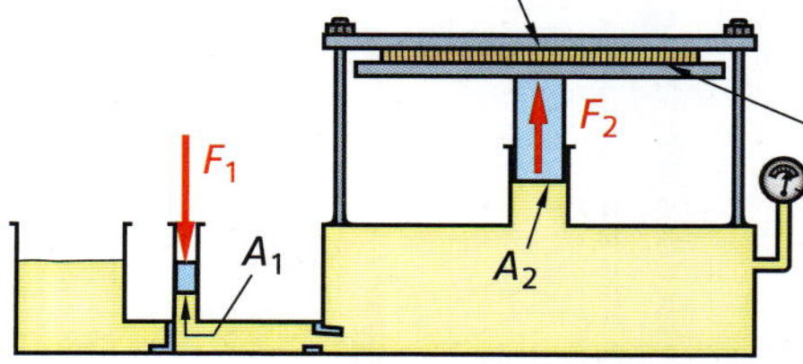

$$\frac{F_1}{F_2} = \frac{A_1}{A_2}$$

Übersetzungsverhältnis $i = \frac{F_1}{F_2}$ oder

$$i = \frac{A_1}{A_2}$$

Manometerdruck $p_M = \frac{p_V \cdot A_V}{A_2}$

p_M Manometerdruck in bar bzw. N/cm²

p_V Verleimdruck N/cm²

A_V Verleimfläche in cm²

A_1 Kolbenfläche des Druckzylinders in cm²

A_2 Kolbenfläche des Arbeitszylinders in cm²

F_1 Kraft auf Druckzylinder

F_2 Kraft auf Arbeitszylinder

Gesetz von Boyle Mariotte

Zustand von Gasen bei gleichbleibender Temperatur

$$V_1 \cdot p_1 = V_2 \cdot p_2$$

V Volumen, z. B. in m³

p Druck in bar

Drucktabelle (an einer Breitenverleimmaschine)

Der Manometerdruck p_M ist in bar angegeben.

Der Verleimdruck bei dieser Tabelle ist $27 \frac{N}{cm^2}$.

***b* mm** / ***l* mm**	**400**	**600**	**800**	**1000**	**1200**
400	22	32	43	54	65
500	27	40	54	67	81
600	32	48	65	81	97
700	38	56	75	94	113
800	43	65	86	108	129
900	48	73	97	121	145
1000	54	81	108	135	161
1100	59	89	118	148	177
1200	65	97	129	161	194
1300	70	105	140	175	210
1400	75	113	151	188	226
1500	81	121	161	202	242
1600	86	129	172	215	258
1700	92	137	183	228	274
1800	97	145	194	242	290
1900	102	153	205	255	306
2000	108	161	215	269	323
2100	113	170	226	282	339
2200	118	178	237	296	355

Druckdiagramm (an einer Breitenverleimmaschine)

Verleimdruck p_V in bar

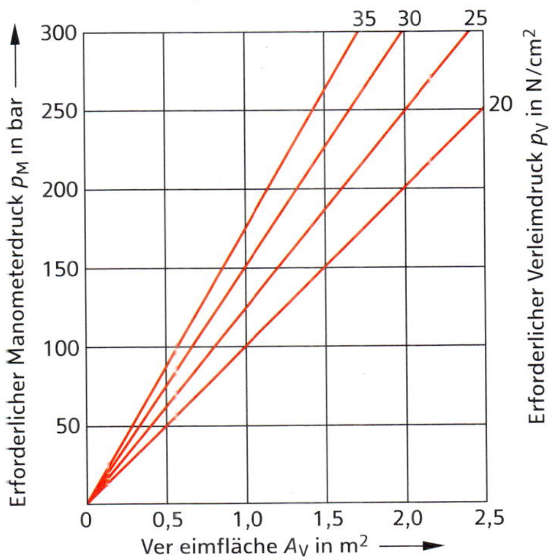

Ohmsches Gesetz

$I = \frac{U}{R}$	I	Stromstärke in A
$U = I \cdot R$	U	Spannung in V
$R = \frac{U}{I}$	R	Widerstand in Ω

Elektrische Leistung

Gleichstrom

$P = U \cdot I$ — P elektrische Leistung in W

Wechselstrom

$P = U \cdot I \cdot \cos\varphi$ — $\cos\varphi$ Leistungsfaktor

Drehstrom

$P = 1{,}73 \cdot U \cdot I \cdot \cos\varphi$

Elektrische Arbeit

$W = P \cdot t$

W Arbeit in Ws, Wh, kWh

P elektrische Leistung in W

t Zeit in s

Stromkosten

Stromkosten = Grundpreis + Arbeitspreis + Ausgleichsabgabe + Mehrwertsteuer

Arbeitspreis = verbrauchte elektr. Arbeit · Kosten je kWh

Längenausdehnung

Thermische Längenausdehnung

$$\Delta l = \alpha \cdot \Delta T \cdot l$$

α Längenausdehnungskoeffizient

ΔT Temperaturunterschied

l Länge

Wärmeschutz

Wärmedurchlasswiderstand

bei einschichtigem Bauteil

$$R = \frac{d}{\lambda}$$

bei mehrschichtigem Bauteil

$$R = \frac{d_1}{\lambda_1} + \frac{d_2}{\lambda_2} + \ldots$$

R Wärmedurchlasswiderstand in $\frac{m^2 \cdot K}{W}$

d Schichtdicke in m

λ Wärmeleitzahl in $\frac{W}{m \cdot K}$

Wärmeleitzahlen verschiedener Baustoffe

Baustoff	**λ in** $\frac{W}{m \cdot K}$
Eiche	0,21
Buche	0,17
Fichte, Tanne, Kiefer	0,14
Holzfaserplatte SB	0,05
Holzfaserplatte HB	0,17
Flachpressplatte P2	0,14
Sperrholzplatte EN 636-1G	0,14
Hartschaumplatte, Kork	0,04
Mineralische Faserdämmplatte	0,04
Holzwolleleichtbauplatte	0,09
Luft, ruhend	0,03

Baustoff	**λ in** $\frac{W}{m \cdot K}$
Acrylglas	0,19
Flachglas (Fensterglas)	0,81
Gipskartonplatte	0,21
Glas- und Schaumbeton	0,41
Schwerbeton	2,04
Lochziegel	0,52
Vollziegel	0,70
Putz	0,87
Stahl	58
Kupfer	380
Aluminium	202

Wärmedurchgangskoeffizient (U-Wert)

$$U = \frac{1}{\frac{1}{h_e} + R + \frac{1}{h_i}}$$

U Wärmedurchgangskoeffizient in $\frac{\text{W}}{\text{m}^2 \cdot \text{K}}$

R Wärmedurchlasswiderstand in $\frac{\text{m}^2 \cdot \text{K}}{\text{W}}$

$\frac{1}{h_e}$ Wärmeübergangskoeffizient an der Außenfläche der Wand $\left(0{,}13\ \frac{\text{m}^2 \cdot \text{K}}{\text{W}}\right)$

$\frac{1}{h_i}$ Wärmeübergangskoeffizient an der Innenfläche der Wand $\left(0{,}04\ \frac{\text{m}^2 \cdot \text{K}}{\text{W}}\right)$

$$U = \frac{1}{0{,}17\ \frac{\text{m}^2 \cdot \text{K}}{\text{W}} + R}$$

$$\frac{1}{h_e} + \frac{1}{h_i} = 0{,}17\ \frac{\text{m}^2 \cdot \text{K}}{\text{W}}$$

Klebstoffbedarf

Klebstoffbedarf

$$K_B = K_f \cdot A_m$$

K_B Klebstoffbedarf in g, kg

K_f Klebefläche in m^2

A_m Auftragsmenge in g/m^2

Mischungsverhältnis

Mischungsverhältnis = Stoffmenge A : Stoffmenge B : Stoffmenge C : ...

Mischungsmenge = Stoffmenge A + Stoffmenge B + Stoffmenge C + ...

Materialliste für den Zuschnitt (Vollholz, Platten, Beschläge und Zubehör)

Gegenstand: ____ | Auftraggebende Person: ____ | Datum: ____

Auftrags-Nr.: ____ | Zeichnungs-Nr.: ____ | Liefertermin: ____

Lfd. Nr.	Verwendung/ Bezeichnung	Material/ Holzart	Stück	Fertigmaß			Stück	Rohmenge		
				Länge mm	Breite mm	Dicke mm		Länge mm	Breite mm	Dicke mm

Materialliste für ○ Vorkalkulation ○ Nachkalkulation

Gegenstand: ____ | Auftraggebende Person: ____ | Datum: ____

Auftrags-Nr.: ____ | Zeichnungs-Nr.: ____ | Termin: ____

Lfd. Nr.	Verwendung/ Bezeichnung	Material/ Holzart	Stück	Fertigmaß			Fertigmenge		Zuschlag-faktor	Rohmenge		Einzel-preis €	Gesamt €
				Länge mm	Breite mm	Dicke mm	m^2	m^3		m^2	m^3		

Kalkulation

Kalkulationsschema

Materialkosten	
→	______
+ Bankraumlöhne ______	
+ Maschinenraumlöhne ______	
→	______
+ Gemeinkosten	
____% auf Materialkosten ______	
+ ____% auf Bankraumlöhne ______	
+ ____% auf Maschinenraumlöhne ______	
→	______
+ Sonderkosten der Fertigung	
→	______
= Fertigungskosten (Selbstkosten)	══════
+ Wagnis und Gewinn	
____% der Fertigungskosten	______
→	______
+ Sonderkosten des Vertriebes	
→	______
= Nettopreis	══════
+ Mehrwertsteuer	
____% des Nettopreises	______
→	______
= Bruttopreis	══════

Gemeinkostenzuschlag

$$\text{Gemeinkostenzuschlag in \%} = \frac{\text{Gemeinkosten}}{\text{Fertigungslöhne}} \cdot 100\,\%$$

Lohnberechnung

Stundenkostensatz

Stundenkostensatz = Stundenlohn + Gemeinkostenzuschlag pro Stunde

Stundenlohn = Tariflohn + Zulagen

Bruttolohn

- Lohnsteuer ____%

- Kirchensteuer ____%
  aus Lohnsteuer

- Krankenversicherung ____%

- Rentenversicherung ____%

- Arbeitslosenversicherung ____%

- Solidaritätszuschlag ____%
  aus Lohnsteuer

- Pflegeversicherung ____%

Nettolohn

Sachwortverzeichnis

Bildquellenverzeichnis

|CMS – Cross Media Solutions GmbH, Würzburg: 16.13. |Di Gaspare, Michele (Bild und Technik Agentur für technische Grafik und Visualisierung), Bergheim: 10.3, 10.7, 11.2, 11.7, 11.11, 11.14, 11.15, 12.4, 12.5, 12.9, 13.2, 13.3, 13.6, 13.9, 14.2, 14.5, 14.8, 14.12, 14.14, 14.16, 15.1, 15.3, 15.5, 15.7, 15.9, 16.2, 16.6, 16.10, 16.16, 17.1, 17.3, 17.5, 17.6, 17.7, 19.6, 20.2, 20.3, 20.4, 22.1, 22.2, 22.5, 24.1, 24.2, 24.3, 25.9, 25.17, 26.2, 27.1, 28.1, 28.2, 28.3, 29.1, 30.1, 31.2. |Ruhrstadtmedien, Castrop-Rauxel: 7.1, 7.2, 7.3, 7.4, 7.5, 7.6, 7.7, 7.8, 7.9, 7.10, 7.11, 7.12, 7.13, 7.14, 7.15, 7.16, 7.17, 8.1, 8.2, 9.1, 9.2, 9.3, 9.4, 9.5, 9.6, 9.7, 9.8, 9.9, 9.10, 9.11, 9.12, 9.13, 9.14, 9.15, 9.16, 10.1, 10.2, 10.4, 10.5, 10.6, 11.1, 11.3, 11.4, 11.5, 11.6, 11.8, 11.9, 11.10, 11.12, 11.13, 11.16, 12.1, 12.2, 12.3, 12.6, 12.7, 12.8, 12.10, 12.11, 12.12, 12.13, 12.14, 12.15, 12.16, 12.17, 12.18, 13.1, 13.4, 13.5, 13.7, 13.8, 13.10, 13.11, 14.1, 14.3, 14.4, 14.6, 14.7, 14.9, 14.10, 14.11, 14.13, 14.15, 15.2, 15.4, 15.6, 15.8, 15.10, 16.1, 16.3, 16.4, 16.5, 16.7, 16.8, 16.9, 16.11, 16.12, 16.14, 16.15, 17.2, 17.4, 17.8, 18.1, 18.2, 19.1, 19.2, 19.3, 19.4, 19.5, 19.7, 19.8, 20.1, 21.1, 21.2, 22.3, 22.4, 22.6, 22.7, 23.1, 23.2, 23.3, 23.4, 23.5, 23.6, 25.1, 25.2, 25.3, 25.4, 25.5, 25.6, 25.7, 25.8, 25.10, 25.11, 25.12, 25.13, 25.14, 25.15, 25.16, 25.18, 25.19, 25.20, 25.21, 26.1, 26.3, 26.4, 26.5, 26.6, 26.7, 26.8, 26.9, 26.10, 27.2, 27.3, 27.4, 27.5, 28.4, 29.2, 29.3, 29.4, 29.5, 29.6, 29.7, 29.8, 29.9, 29.10, 30.2, 30.3, 30.4, 30.5, 30.6, 31.1, 32.1, 32.2, 33.1, 33.2, 33.3, 33.4, 33.5, 33.6, 33.7, 34.1, 34.2, 34.3, 34.4, 34.5, 34.6, 34.7, 34.8, 34.9, 34.10, 34.11.